AF295843

TABLES
ASTRONOMIQUES.

TABLES
ASTRONOMIQUES

A L'USAGE

DE L'OBSERVATOIRE

DE DIJON,

Calculées par M. l'Abbé BERTRAND, *de l'Académie des Sciences, Arts & Belles-Lettres de la même Ville, & Professeur de Physique au College des Godrans.*

A DIJON,

Chez L. N. FRANTIN, Imprimeur du Roi.

M. DCC. LXXXVI.

AVEC PERMISSION.

EXTRAIT

Des Regiſtres de l'Académie des Sciences, Arts &
Belles - Lettres de Dijon, du 18 Mai 1786.

NOUS fouffignés, Membres de l'Académie des Sciences, Arts &
Belles-Lettres de Dijon, & Commiffaires de la même Académie,
avons examiné les Tables aftronomiques à l'ufage de l'Obfervatoire de
Dijon, calculées par M. l'Abbé Bertrand.

L'Etabliffement d'un Obfervatoire intéreffant, formé à Dijon, & le
Cours d'obfervations fuivies qu'il nous annonce, exigeoient le calcul
des Tables fubfidiaires, dont les Aftronomes ont un befoin continuel,
telles que celles de l'Equation des Hauteurs correfpondantes, des
Arcs fémi-diurnes, & de l'effet qu'y produifent les Réfractions : c'eft
ce que contient principalement le Recueil dont il s'agit.

Cet Ouvrage nous a paru bien fait, & nous penfons que l'Académié
peut le faire imprimer comme une fuite de fes nouveaux Mémoires,
& fous le privilege qu'elle a obtenu pour leur impreffion, à Paris,
le 6 Mai 1786, *figné* DE LA LANDE & JEAURAT.

L'Académie ayant entendu la lecture du rapport ci - deffus, en a
adopté les conclufions, & a permis à M. l'Abbé Bertrand de prendre
la qualité d'Académicien, au frontifpice de fon Ouvrage.

Je fouffigné, Secrétaire - Adjoint de l'Académie, certifie le préfent
Extrait conforme à l'original contenu dans fes Regiftres, & au jugement
de cette Compagnie. A Dijon, le 19 Mai 1786. *Signé*, CAILLET.

AVERTISSEMENT.

L'Astronomie eft toute fondée fur l'obfer-
vation. Mais l'obfervation eft une lumière réfléchie
qui fe teint fouvent de couleurs étrangeres ; il eft
donc néceffaire d'avoir égard aux altérations qu'elle
fubit, fans quoi l'on courroit rifque de prendre
l'apparence pour la réalité, & de bâtir, fur des
nuages légers, des théories chancelantes.

Diftrait par des obfervations habituelles, l'Aftro-
nome ne peut fe livrer à des calculs longs &
pénibles ; c'eft pour l'en difpenfer que j'ai conftruit
la plupart des Tables qui compofent ce Recueil.
Je l'offre à ma Patrie comme un hommage dû à
un établiffement qui a toujours fait époque dans
l'Hiftoire des Peuples policés.

Tous les calculs ont été faits féparément par
M. l'Abbé Forey & par moi, & lorfqu'il s'eft
trouvé entre nos réfultats la plus légère diffé-
rence, nous en avons recherché foigneufement la
caufe.

La partie typographique, fi effentielle dans les
productions de ce genre, n'a pas été négligée ;
toutes les épreuves ont été corrigées avec une
attention fi fcrupuleufe, que la plus petite faute
ne pouvoit échapper ; ainfi les Obfervateurs de
Dijon, à qui ces Tables font uniquement deftinées,
peuvent s'en fervir avec confiance.

Ce léger essai de mon zèle aura la récompense la plus flatteuse, s'il peut inspirer à mes Lecteurs l'amour d'une Science qui n'étonne pas moins par la sublimité de son objet & la grandeur de ses moyens, que par la certitude de ses principes & par la précision de ses résultats.

TABLE de la quantité dont la réfraction horifontale accélère le lever d'un Aftre & retarde fon coucher, fous la latitude de Dijon, 47°. 20'. 0''.

Déclinaif. boréale.	Équation de la réfraction.	Déclinaif. boréale.	Équation de la réfraction.	Déclinaif. boréale.	Équation de la réfraction.
D. M.	M. S.	D. M.	M. S.	D. M.	M. S.
42. 0	28. 45	37. 0	7. 13	32. 0	5. 16
41. 50	23. 2	36. 50	7. 7	31. 50	5. 13
41. 40	19. 56	36. 40	7. 1	31. 40	5. 11
41. 30	17. 51	36. 30	6. 55	31. 30	5. 9
41. 20	16. 20	36. 20	6. 49	31. 20	5. 7
41. 10	15. 9	36. 10	6. 44	31. 10	5. 5
41. 0	14. 12	36. 0	6. 39	31. 0	5. 3
40. 50	13. 24	35. 50	6. 34	30. 50	5. 1
40. 40	12. 44	35. 40	6. 29	30. 40	4. 59
40. 30	12. 9	35. 30	6. 24	30. 30	4. 57
40. 20	11. 39	35. 20	6. 20	30. 20	4. 55
40. 10	11. 12	35. 10	6. 16	30. 10	4. 53
40. 0	10. 48	35. 0	6. 12	30. 0	4. 51
39. 50	10. 27	34. 50	6. 8	29. 50	4. 49
39. 40	10. 7	34. 40	6. 4	29. 40	4. 47
39. 30	9. 49	34. 30	6. 0	29. 30	4. 46
39. 20	9. 33	34. 20	5. 56	29. 20	4. 44
39. 10	9. 19	34. 10	5. 53	29. 10	4. 43
39. 0	9. 5	34. 0	5. 50	29. 0	4. 41
38. 50	8. 52	33. 50	5. 46	28. 50	4. 39
38. 40	8. 40	33. 40	5. 43	28. 40	4. 38
38. 30	8. 29	33. 30	5. 40	28. 30	4. 36
38. 20	8. 18	33. 20	5. 37	28. 20	4. 35
38. 10	8. 9	33. 10	5. 34	28. 10	4. 33
38. 0	7. 59	33. 0	5. 31	28. 0	4. 32
37. 50	7. 51	32. 50	5. 28	27. 50	4. 31
37. 40	7. 42	32. 40	5. 26	27. 40	4. 29
37. 30	7. 34	32. 30	5. 23	27. 30	4. 28
37. 20	7. 27	32. 20	5. 21	27. 20	4. 27
37. 10	7. 20	32. 10	5. 18	27. 10	4. 25

TABLE de la quantité dont la réfraction horifontale accélère le lever d'un Aftre & retarde fon coucher, fous la latitude de Dijon, 47°. 20'. 0".

Déclinaif. boréale.	Équation de la réfraction.	Déclinaif. boréale.	Équation de la réfraction.	Déclinaif. boréale.	Équation de la réfraction.
D. M.	M. S.	D. M.	M. S.	D. M.	M. S.
27. 0	4. 24	22. 0	3. 55	17. 0	3. 37
26. 50	4. 23	21. 50	3. 54	16. 50	3. 36
26. 40	4. 22	21. 40	3. 53	16. 40	3. 36
26. 30	4. 20	21. 30	3. 52	16. 30	3. 35
26. 20	4. 19	21. 20	3. 52	16. 20	3. 35
26. 10	4. 18	21. 10	3. 51	16. 10	3. 34
26. 0	4. 17	21. 0	3. 50	16. 0	3. 34
25. 50	4. 16	20. 50	3. 50	15. 50	3. 33
25. 40	4. 15	20. 40	3. 49	15. 40	3. 33
25. 30	4. 14	20. 30	3. 48	15. 30	3. 32
25. 20	4. 13	20. 20	3. 48	15. 20	3. 32
25. 10	4. 12	20. 10	3. 47	15. 10	3. 32
25. 0	4. 10	20. 0	3. 46	15. 0	3. 31
24. 50	4. 9	19. 50	3. 46	14. 50	3. 31
24. 40	4. 8	19. 40	3. 45	14. 40	3. 30
24. 30	4. 8	19. 30	3. 45	14. 30	3. 30
24. 20	4. 7	19. 20	3. 44	14. 20	3. 30
24. 10	4. 6	19. 10	3. 43	14. 10	3. 29
24. 0	4. 5	19. 0	3. 43	14. 0	3. 29
23. 50	4. 4	18. 50	3. 42	13. 50	3. 29
23. 40	4. 3	18. 40	3. 42	13. 40	3. 28
23. 30	4. 2	18. 30	3. 41	13. 30	3. 28
23. 20	4. 1	18. 20	3. 41	13. 20	3. 28
23. 10	4. 0	18. 10	3. 40	13. 10	3. 27
23. 0	3. 59	18. 0	3. 40	13. 0	3. 27
22. 50	3. 59	17. 50	3. 39	12. 50	3. 27
22. 40	3. 58	17. 40	3. 38	12. 40	3. 26
22. 30	3. 57	17. 30	3. 38	12. 30	3. 26
22. 20	3. 56	17. 20	3. 37	12. 20	3. 26
22. 10	3. 55	17. 10	3. 37	12. 10	3. 25

TABLE de la quantité dont la réfraction horifontale accélère le lever d'un Aftre & retarde fon coucher, fous la latitude de Dijon, 47°. 20'. 0".

Déclinaif. boréale.	Équation de la réfraction.	Déclinaif. boréale.	Équation de la réfraction.	Déclinaif. boréale.	Équation de la réfraction.
D. M.	M. S.	D. M.	M. S.	D. M.	M. S.
12. 0	3. 25	8. 0	3. 19	4. 0	3. 16
11. 50	3. 25	7. 50	3. 19	3. 50	3. 16
11. 40	3. 24	7. 40	3. 19	3. 40	3. 16
11. 30	3. 24	7. 30	3. 19	3. 30	3. 16
11. 20	3. 24	7. 20	3. 19	3. 20	3. 16
11. 10	3. 24	7. 10	3. 18	3. 10	3. 16
11. 0	3. 23	7. 0	3. 18	3. 0	3. 15
10. 50	3. 23	6. 50	3. 18	2. 50	3. 15
10. 40	3. 23	6. 40	3. 18	2. 40	3. 15
10. 30	3. 23	6. 30	3. 18	2. 30	3. 15
10. 20	3. 22	6. 20	3. 18	2. 20	3. 15
10. 10	3 22	6. 10	3. 17	2. 10	3. 15
10. 0	3. 22	6. 0	3. 17	2. 0	3. 15
9. 50	3. 22	5. 50	3. 17	1. 50	3. 15
9. 40	3. 21	5. 40	3. 17	1. 40	3. 15
9. 30	3. 21	5. 30	3. 17	1. 30	3. 15
9. 20	3. 21	5. 20	3. 17	1. 20	3. 15
9. 10	3. 21	5. 10	3. 17	1. 10	3. 15
9. 0	3. 20	5. 0	3. 17	1. 0	3. 15
8. 50	3. 20	4. 50	3. 16	0. 50	3. 15
8. 40	3. 20	4. 40	3. 16	0. 40	3. 15
8. 30	3. 20	4. 30	3. 16	0. 30	3. 15
8. 20	3. 20	4. 20	3. 16	0. 20	3. 15
8. 10	3. 19	4. 10	3. 16	0. 10	3. 15
				0. 0	3. 15

TABLE de la quantité dont la réfraction horifontale accélère le lever d'un Aftre & retarde fon coucher, fous la latitude de Dijon, 47°. 20'. 0".

Déclinaif. auftrale.	Équation de la réfraction.	Déclinaif. auftrale.	Équation de la réfraction.	Déclinaif. auftrale.	Équation de la réfraction.
D. M.	M. S.	D. M.	M. S.	D. M.	M. S.
0. 0	3. 15	5. 0	3. 16	10. 0	3. 21
0. 10	3. 15	5. 10	3. 16	10. 10	3. 21
0. 20	3. 15	5. 20	3. 16	10. 20	3. 22
0. 30	3. 15	5. 30	3. 17	10. 30	3. 22
0. 40	3. 15	5. 40	3. 17	10. 40	3. 22
0. 50	3. 15	5. 50	3. 17	10. 50	3. 22
1. 0	3. 15	6. 0	3. 17	11. 0	3. 23
1. 10	3. 15	6. 10	3. 17	11. 10	3. 23
1. 20	3. 15	6. 20	3. 17	11. 20	3. 23
1. 30	3. 15	6. 30	3. 17	11. 30	3. 23
1. 40	3. 15	6. 40	3. 18	11. 40	3. 24
1. 50	3. 15	6. 50	3. 18	11. 50	3. 24
2. 0	3. 15	7. 0	3. 18	12. 0	3. 24
2. 10	3. 15	7. 10	3. 18	12. 10	3. 25
2. 20	3. 15	7. 20	3. 18	12. 20	3. 25
2. 30	3. 15	7. 30	3. 18	12. 30	3. 25
2. 40	3. 15	7. 40	3. 18	12. 40	3. 25
2. 50	3. 15	7. 50	3. 19	12. 50	3. 26
3. 0	3. 15	8. 0	3. 19	13. 0	3. 26
3. 10	3. 15	8. 10	3. 19	13. 10	3. 26
3. 20	3. 15	8. 20	3. 19	13. 20	3. 27
3. 30	3. 15	8. 30	3. 19	13. 30	3. 27
3. 40	3. 16	8. 40	3. 20	13. 40	3. 27
3. 50	3. 16	8. 50	3. 20	13. 50	3. 28
4. 0	3. 16	9. 0	3. 20	14. 0	3. 28
4. 10	3. 16	9. 10	3. 20	14. 10	3. 28
4. 20	3. 16	9. 20	3. 20	14. 20	3. 29
4. 30	3. 16	9. 30	3. 21	14. 30	3. 29
4. 40	3. 16	9. 40	3. 21	14. 40	3. 29
4. 50	3. 16	9. 50	3. 21	14. 50	3. 30

TABLE de la quantité dont la réfraction horifontale accélère le lever d'un Aftre & retarde fon coucher, fous la latitude de Dijon, 47°. 20'. 0".

Déclinaif. auftrale.	Équation de la réfraction.	Déclinaif. auftrale.	Équation de la réfraction.	Déclinaif. auftrale.	Équation de la réfraction.
D. M.	M. S.	D. M.	M. S.	D. M.	M. S.
15. 0	3. 30	20. 0	3. 45	25. 0	4. 8
15. 10	3. 31	20. 10	3. 45	25. 10	4. 9
15. 20	3. 31	20. 20	3. 46	25. 20	4. 10
15. 30	3. 31	20. 30	3. 47	25. 30	4. 11
15. 40	3. 32	20. 40	3. 47	25. 40	4. 12
15. 50	3. 32	20. 50	3. 48	25. 50	4. 13
16. 0	3. 33	21. 0	3. 49	26. 0	4. 14
16. 10	3. 33	21. 10	3. 49	26. 10	4. 15
16. 20	3. 34	21. 20	3. 50	26. 20	4. 16
16. 30	3. 34	21. 30	3. 51	26. 30	4. 17
16. 40	3. 34	21. 40	3. 51	26. 40	4. 18
16. 50	3. 35	21. 50	3. 52	26. 50	4. 20
17. 0	3. 35	22. 0	3. 53	27. 0	4. 21
17. 10	3. 36	22. 10	3. 53	27. 10	4. 22
17. 20	3. 36	22. 20	3. 54	27. 20	4. 23
17. 30	3. 37	22. 30	3. 55	27. 30	4. 24
17. 40	3. 37	22. 40	3. 56	27. 40	4. 26
17. 50	3. 38	22. 50	3. 57	27. 50	4. 27
18. 0	3. 38	23. 0	3. 57	28. 0	4. 28
18. 10	3. 39	23. 10	3. 58	28. 10	4. 30
18. 20	3. 39	23. 20	3. 59	28. 20	4. 31
18. 30	3. 40	23. 30	4. 0	28. 30	4. 32
18. 40	3. 40	23. 40	4. 1	28. 40	4. 34
18. 50	3. 41	23. 50	4. 1	28. 50	4. 35
19. 0	3. 41	24. 0	4. 2	29. 0	4. 37
19. 10	3. 42	24. 10	4. 3	29. 10	4. 38
19. 20	3. 42	24. 20	4. 4	29. 20	4. 40
19. 30	3. 43	24. 30	4. 5	29. 30	4. 41
19. 40	3. 44	24. 40	4. 6	29. 40	4. 43
19. 50	3. 44	24. 50	4. 7	29. 50	4. 44

TABLE de la quantité dont la réfraction horisontale accélère le lever d'un Astre & retarde son coucher, sous la latitude de Dijon, 47°. 20'. 0".

Déclinaif. auftrale.	Équation de la réfraction.	Déclinaif. auftrale.	Équation de la réfraction.	Déclinaif. auftrale.	Équation de la réfraction.
D. M.	M. S.	D. M.	M. S.	D. M.	M. S.
30. 0	4. 46	34. 0	5. 40	38. 0	7. 34
30. 10	4. 48	34. 10	5. 43	38. 10	7. 42
30. 20	4. 50	34. 20	5. 46	38. 20	7. 50
30. 30	4. 51	34. 30	5. 50	38. 30	7. 58
30. 40	4. 53	34. 40	5. 53	38. 40	8. 8
30. 50	4. 55	34. 50	5. 57	38. 50	8. 17
31. 0	4. 57	35. 0	6. 0	39. 0	8. 28
31. 10	4. 59	35. 10	6. 4	39. 10	8. 39
31. 20	5. 1	35. 20	6. 8	39. 20	8. 50
31. 30	5. 3	35. 30	6. 12	39. 30	9. 3
31. 40	5. 5	35. 40	6. 16	39. 40	9. 17
31. 50	5. 7	35. 50	6. 20	39. 50	9. 31
32. 0	5. 9	36. 0	6. 24	40. 0	9. 47
32. 10	5. 11	36. 10	6. 29	40. 10	10. 4
32. 20	5. 14	36. 20	6. 34	40. 20	10. 23
32. 30	5. 16	36. 30	6. 39	40. 30	10. 44
32. 40	5. 19	36. 40	6. 44	40. 40	11. 8
32. 50	5. 21	36. 50	6. 49	40. 50	11. 34
33. 0	5. 24	37. 0	6. 55	41. 0	12. 3
33. 10	5. 26	37. 10	7. 1	41. 10	12. 36
33. 20	5. 29	37. 20	7. 7	41. 20	13. 15
33. 30	5. 32	37. 30	7. 13	41. 30	14. 0
33. 40	5. 34	37. 40	7. 20	41. 40	14. 54
33. 50	5. 37	37. 50	7. 27	41. 50	16. 1
				42. 0	17. 26
				42. 10	19. 19
				42. 20	22. 3
				42. 30	26. 39
				42. 40	45. 3

EXPLICATION

DE LA TABLE PRÉCÉDENTE.

L'ARC fémi-diurne d'un Aftre eft facile à calculer, quand on néglige la Réfraction; car fi l'on multiplie la tangente de la déclinaifon par celle de la hauteur du pole, on aura le finus de la différence afcenfionnelle, & cette différence, convertie en temps, à raifon du mouvement diurne de l'Aftre, exprimera la quantité dont l'arc fémi-diurne eft plus grand ou plus petit que fix heures.

Mais lorfque dans le calcul du lever ou du coucher d'un Aftre, on veut faire entrer la Réfraction, il faut réfoudre un triangle fphérique dont on connoît les trois côtés. La folution de ce triangle étant longue & pénible, j'ai voulu en épargner l'ennui aux Aftronomes de Dijon, en calculant rigoureufement la Table précédente, dans laquelle j'ai fuppofé la Réfraction horifontale de 33′ 0″.

On voit bien que cette Table s'étend à tous les Aftres qui fe lèvent & fe couchent à Dijon, & qu'elle peut fervir, non-feulement à évaluer le temps que le Soleil emploie à s'élever au-deffus de l'horifon, mais encore à apprécier l'influence de la parallaxe de la Lune fur le lever & le coucher de ce fatellite.

Exemple.

On demande l'heure à laquelle le Soleil fe couchera à Dijon le 1er. Février 1786.

La hauteur du pole à Dijon eft de 47° 20′ 0″ boréale, & la déclinaifon du Soleil, pour le midi vrai du 1er. Février 1786, fera de 16° 57′ 55″ auftrale. Avec ces deux élémens, je fais un calcul préliminaire qui m'apprend que, le jour défigné, le Soleil fe couchera à Dijon à 4ʰ 46′ 16″, à peu-près. Or, la déclinaifon du Soleil, à cette époque, ne fera plus que de 16° 54′ 30″ : donc,

```
10,0354119 . . . log. tang. 47°  20′  0″ . . . . lat. Dij. B.
 9,4828480 . . . log. tang. 16   54   30 . . . . décl. ☉ A.
 ─────────
 9,5182599 . . . log. fin.  19   15   25 . . . . diff. afcenf.
```

Diff. afcenf. en temps . . . . 1^h $17'$ $2''$ —

. . . . 6   0   0   +

Coucher vrai ☉ . . . . 4^h $42'$ $58''$ +
Équation de la Réfraction . . .   3   35   +

Coucher apparent ☉ . . . . . 4^h $46'$ $33''$.

Si l'on étoit curieux de connoître le temps que le Soleil emploiera à fe coucher, on calculeroit fon diamètre, que l'on trouveroit de $32'$ $30''$; puis l'on feroit la proportion, $33' : 32' 30'' :: 3' 35'' : 3' 32''$; ce feroit le temps cherché.

Dans le calcul du lever & du coucher du Soleil, on n'a aucun égard à la parallaxe horifontale de cet Aftre, parce que l'effet en eft infenfible, & que d'ailleurs l'incertitude où nous fommes fur la vraie mefure de la Réfraction horifontale, rend cette confidération inutile.

TABLE des Arcs fémi-diurnes, pour la latitude de Dijon, 47° 20′ 0″, convertis en temps, à raifon d'une heure pour 15 degrés, en fuppofant la réfraction horifontale de 33′.

Déclinaifon boréale.		Arcs fémi-diurnes.			Déclinaifon boréale.		Arcs fémi-diurnes.		
D.	M.	H.	M.	S.	D.	M.	H.	M.	S.
42.	0	11.	39.	23	37.	0	9.	46.	35
41.	50	11.	27.	54	36.	50	9.	44.	32
41.	40	11.	19.	35	36.	40	9.	42.	30
41.	30	11.	12.	43	36.	30	9.	40.	31
41.	20	11.	6.	46	36.	20	9.	38.	34
41.	10	11.	1.	25	36.	10	9.	36.	38
41.	0	10.	56.	32	36.	0	9.	34.	44
40.	50	10.	52.	1	35.	50	9.	32.	52
40.	40	10.	47.	48	35.	40	9.	31.	2
40.	30	10.	43.	49	35.	30	9.	29.	13
40.	20	10.	40.	3	35.	20	9.	27.	26
40.	10	10.	36.	28	35.	10	9.	25.	41
40.	0	10.	33.	2	35.	0	9.	23.	56
39.	50	10.	29.	45	34.	50	9.	22.	14
39.	40	10.	26.	35	34.	40	9.	20.	32
39.	30	10.	23.	32	34.	30	9.	18.	52
39.	20	10.	20.	35	34.	20	9.	17.	13
39.	10	10.	17.	44	34.	10	9.	15.	35
39.	0	10.	14.	58	34.	0	9.	13.	59
38.	50	10.	12.	16	33.	50	9.	12.	23
38.	40	10.	9.	39	33.	40	9.	10.	49
38.	30	10.	7.	6	33.	30	9.	9.	16
38.	20	10.	4.	37	33.	20	9.	7.	44
38.	10	10.	2.	12	33.	10	9.	6.	12
38.	0	9.	59.	49	33.	0	9.	4.	42
37.	50	9.	57.	30	32.	50	9.	3.	13
37.	40	9.	55.	14	32.	40	9.	1.	45
37.	30	9.	53.	0	32.	30	9.	0.	17
37.	20	9.	50.	50	32.	20	8.	58.	51
37.	10	9.	48.	41	32.	10	8.	57.	25

TABLE des Arcs fémi-diurnes, pour la latitude de Dijon, 47° 20′ 0″, convertis en temps, à raifon d'une heure pour 15 degrés, en fuppofant la réfraction horifontale de 33′.

Déclinaifon boréale.		Arcs fémi - diurnes.			Déclinaifon boréale.		Arcs fémi - diurnes.		
D.	M.	H.	M.	S.	D.	M.	H.	M.	S.
32.	0	8.	56.	0	27.	0	8.	18.	38
31.	50	8.	54.	36	26.	50	8.	17.	32
31.	40	8.	53.	13	26.	40	8.	16.	26
31.	30	8.	51.	50	26.	30	8.	15.	20
31.	20	8.	50.	28	26.	20	8.	14.	14
31.	10	8.	49.	7	26.	10	8.	13.	9
31.	0	8.	47.	47	26.	0	8.	12.	5
30.	50	8.	46.	27	25.	50	8.	11.	0
30.	40	8.	45.	9	25.	40	8.	9.	57
30.	30	8.	43.	50	25.	30	8.	8.	53
30.	20	8.	42.	33	25.	20	8.	7.	50
30.	10	8.	41.	16	25.	10	8.	6.	47
30.	0	8.	39.	59	25.	0	8.	5.	45
29.	50	8.	38.	44	24.	50	8.	4.	43
29.	40	8.	37.	29	24.	40	8.	3.	41
29.	30	8.	36.	14	24.	30	8.	2.	39
29.	20	8.	35.	0	24.	20	8.	1.	38
29.	10	8.	33.	47	24.	10	8.	0.	38
29.	0	8.	32.	34	24.	0	7.	59.	37
28.	50	8.	31.	21	23.	50	7.	58.	37
28.	40	8.	30.	10	23.	40	7.	57.	37
28.	30	8.	28.	58	23.	30	7.	56.	38
28.	20	8.	27.	48	23.	20	7.	55.	38
28.	10	8.	26.	37	23.	10	7.	54.	39
28.	0	8.	25.	27	23.	0	7.	53.	41
27.	50	8.	24.	18	22.	50	7.	52.	42
27.	40	8.	23.	9	22.	40	7.	51.	44
27.	30	8.	22.	1	22.	30	7.	50.	46
27.	20	8.	20.	53	22.	20	7.	49.	49
27.	10	8.	19.	45	22.	10	7.	48.	51

TABLE des Arcs fémi-diurnes, pour la latitude de Dijon, 47° 20′ 0″, convertis en temps, à raifon d'une heure pour 15 degrés, en fuppofant la réfraction horifontale de 33′.

Déclinaifon boréale.		Arcs fémi-diurnes.			Déclinaifon boréale.		Arcs fémi-diurnes.		
D.	M.	H.	M.	S.	D.	M.	H.	M.	S.
22.	0	7.	47.	54	17.	0	7.	21.	6
21.	50	7.	46.	58	16.	50	7.	20.	15
21.	40	7.	46.	1	16.	40	7.	19.	25
21.	30	7.	45.	5	16.	30	7.	18.	34
21.	20	7.	44.	9	16.	20	7.	17.	44
21.	10	7.	43.	13	16.	10	7.	16.	54
21.	0	7.	42.	17	16.	0	7.	16.	4
20.	50	7.	41.	22	15.	50	7.	15.	14
20.	40	7.	40.	27	15.	40	7.	14.	25
20.	30	7.	39.	32	15.	30	7.	13.	35
20.	20	7.	38.	37	15.	20	7.	12.	46
20.	10	7.	37.	43	15.	10	7.	11.	56
20.	0	7.	36.	49	15.	0	7.	11.	7
19.	50	7.	35.	55	14.	50	7.	10.	18
19.	40	7.	35.	1	14.	40	7.	9.	30
19.	30	7.	34.	7	14.	30	7.	8.	41
19.	20	7.	33.	14	14.	20	7.	7.	52
19.	10	7.	32.	21	14.	10	7.	7.	4
19.	0	7.	31.	28	14.	0	7.	6.	16
18.	50	7.	30.	35	13.	50	7.	5.	27
18.	40	7.	29.	42	13.	40	7.	4.	39
18.	30	7.	28.	50	13.	30	7.	3.	51
18.	20	7.	27.	57	13.	20	7.	3.	4
18.	10	7.	27.	5	13.	10	7.	2.	16
18.	0	7.	26.	14	13.	0	7.	1.	28
17.	50	7.	25.	22	12.	50	7.	0.	41
17.	40	7.	24.	30	12.	40	6.	59.	53
17.	30	7.	23.	39	12.	30	6.	59.	6
17.	20	7.	22.	48	12.	20	6.	58.	19
17.	10	7.	21.	57	12.	10	6.	57.	32

TABLE des Arcs fémi - diurnes, pour la latitude de Dijon, 47° 20′ 0″, convertis en temps, à raison d'une heure pour 15 degrés, en fuppofant la réfraction horifontale de 33′.

Déclinaifon boréale.		Arcs fémi - diurnes.			Déclinaifon boréale.		Arcs fémi - diurnes.		
D.	M.	H.	M.	S.	D.	M.	H.	M.	S.
12.	0	6.	56.	45	7.	0	6.	33.	55
11.	50	6.	55.	58	6.	50	6.	33.	11
11.	40	6.	55.	11	6.	40	6.	32.	26
11.	30	6.	54.	25	6.	30	6.	31.	42
11.	20	6.	53.	38	6.	20	6.	30.	57
11.	10	6.	52.	52	6.	10	6.	30.	13
11.	0	6.	52.	5	6.	0	6.	29.	29
10.	50	6.	51.	19	5.	50	6.	28.	44
10.	40	6.	50.	33	5.	40	6.	28.	0
10.	30	6.	49.	47	5.	30	6.	27.	16
10.	20	6.	49.	1	5.	20	6.	26.	32
10.	10	6.	48.	15	5.	10	6.	25.	48
10.	0	6.	47.	29	5.	0	6.	25.	4
9.	50	6.	46.	43	4.	50	6.	24.	20
9.	40	6.	45.	57	4.	40	6.	23.	36
9.	30	6.	45.	12	4.	30	6.	22.	52
9.	20	6.	44.	26	4.	20	6.	22.	8
9.	10	6.	43.	41	4.	10	6.	21.	24
9.	0	6.	42.	55	4.	0	6.	20.	40
8.	50	6.	42.	10	3.	50	6.	19.	56
8.	40	6.	41.	25	3.	40	6.	19.	13
8.	30	6.	40.	39	3.	30	6.	18.	29
8.	20	6.	39.	54	3.	20	6.	17.	45
8.	10	6.	39.	9	3.	10	6.	17.	1
8.	0	6.	38.	24	3.	0	6.	16.	18
7.	50	6.	37.	39	2.	50	6.	15.	34
7.	40	6.	36.	54	2.	40	6.	14.	50
7.	30	6.	36.	10	2.	30	6.	14.	7
7.	20	6.	35.	25	2.	20	6.	13.	23
7.	10	6.	34.	40	2.	10	6.	12.	40

TABLE des Arcs fémi-diurnes, pour la latitude de Dijon, 47° 20′ 0″, convertis en temps, à raifon d'une heure pour 15 degrés, en fuppofant la réfraction horifontale de 33′.

Déclinaifon boréale.		Arcs fémi-diurnes.			Déclinaifon boréale.		Arcs fémi-diurnes.		
D.	M.	H.	M.	S.	D.	M.	H.	M.	S.
2.	0	6.	11.	56	1.	0	6.	7.	35
1.	50	6.	11.	13	0.	50	6.	6.	52
1.	40	6.	10.	29	0.	40	6.	6.	8
1.	30	6.	9.	46	0.	30	6.	5.	25
1.	20	6.	9.	2	0.	20	6.	4.	42
1.	10	6.	8.	19	0.	10	6.	3.	58

Déclinaifon auftrale.		Arcs fémi-diurnes.			Déclinaifon auftrale.		Arcs fémi-diurnes.		
D.	M.	H.	M.	S.	D.	M.	H.	M.	S.
0.	0	6.	3.	15	3.	0	5.	50.	13
0.	10	6.	2.	31	3.	10	5.	49.	29
0.	20	6.	1.	48	3.	20	5.	48.	46
0.	30	6.	1.	5	3.	30	5.	48.	2
0.	40	6.	0.	21	3.	40	5.	47.	19
0.	50	5.	59.	38	3.	50	5.	46.	35
1.	0	5.	58.	54	4.	0	5.	45.	51
1.	10	5.	58.	11	4.	10	5.	45.	8
1.	20	5.	57.	28	4.	20	5.	44.	24
1.	30	5.	56.	44	4.	30	5.	43.	40
1.	40	5.	56.	1	4.	40	5.	42.	57
1.	50	5.	55.	17	4.	50	5.	42.	13
2.	0	5.	54.	34	5.	0	5.	41.	29
2.	10	5.	53.	50	5.	10	5.	40.	45
2.	20	5.	53.	7	5.	20	5.	40.	1
2.	30	5.	52.	23	5.	30	5.	39.	17
2.	40	5.	51.	40	5.	40	5.	38.	33
2.	50	5.	50.	56	5.	50	5.	37.	49

TABLE des Arcs fémi-diurnes, pour la latitude de Dijon, 47° 20′ 0″, convertis en temps, à raifon d'une heure pour 15 degrés, en fuppofant la réfraction horifontale de 33′.

Déclinaifon auftrale.		Arcs fémi-diurnes.			Déclinaifon auftrale.		Arcs fémi-diurnes.		
D.	M.	H.	M.	S.	D.	M.	H.	M.	S.
6.	0	5.	37.	5	11.	0	5.	14.	41
6.	10	5.	36.	21	11.	10	5.	13.	55
6.	20	5.	35.	37	11.	20	5.	13.	9
6.	30	5.	34.	53	11.	30	5.	12.	23
6.	40	5.	34.	9	11.	40	5.	11.	37
6.	50	5.	33.	25	11.	50	5.	10.	51
7.	0	5.	32.	40	12.	0	5.	10.	4
7.	10	5.	31.	56	12.	10	5.	9.	18
7.	20	5.	31.	12	12.	20	5.	8.	31
7.	30	5.	30.	27	12.	30	5.	7.	45
7.	40	5.	29.	43	12.	40	5.	6.	58
7.	50	5.	28.	58	12.	50	5.	6.	11
8.	0	5.	28.	14	13.	0	5.	5.	25
8.	10	5.	27.	29	13.	10	5.	4.	38
8.	20	5.	26.	45	13.	20	5.	3.	51
8.	30	5.	26.	0	13.	30	5.	3.	3
8.	40	5.	25.	15	13.	40	5.	2.	16
8.	50	5.	24.	30	13.	50	5.	1.	29
9.	0	5.	23.	45	14.	0	5.	0.	41
9.	10	5.	23.	0	14.	10	4.	59.	54
9.	20	5.	22.	15	14.	20	4.	59.	6
9.	30	5.	21.	30	14.	30	4.	58.	18
9.	40	5.	20.	45	14.	40	4.	57.	30
9.	50	5.	20.	0	14.	50	4.	56.	42
10.	0	5.	19.	14	15.	0	4.	55.	54
10.	10	5.	18.	29	15.	10	4.	55.	6
10.	20	5.	17.	43	15.	20	4.	54.	17
10.	30	5.	16.	58	15.	30	4.	53.	29
10.	40	5.	16.	12	15.	40	4.	52.	40
10.	50	5.	15.	26	15.	50	4.	51.	51

TABLE des Arcs fémi-diurnes, pour la latitude de Dijon, 47° 20′ 0″, convertis en temps, à raifon d'une heure pour 15 degrés, en fuppofant la réfraction horifontale de 33′.

Déclinaifon auftrale.		Arcs fémi - diurnes.			Déclinaifon auftrale.		Arcs fémi - diurnes.		
D.	M.	H.	M.	S.	D.	M.	H.	M.	S.
16.	0	4.	51.	2	21.	0	4.	25.	22
16.	10	4.	50.	13	21.	10	4.	24.	27
16.	20	4.	49.	24	21.	20	4.	23.	33
16.	30	4.	48.	35	21.	30	4.	22.	38
16.	40	4.	47.	45	21.	40	4.	21.	43
16.	50	4.	46.	56	21.	50	4.	20.	48
17.	0	4.	46.	6	22.	0	4.	19.	53
17.	10	4.	45.	16	22.	10	4.	18.	58
17.	20	4.	44.	26	22.	20	4.	18.	2
17.	30	4.	43.	36	22.	30	4.	17.	6
17.	40	4.	42.	45	22.	40	4.	16.	9
17.	50	4.	41.	55	22.	50	4.	15.	13
18.	0	4.	41.	4	23.	0	4.	14.	16
18.	10	4.	40.	13	23.	10	4.	13.	19
18.	20	4.	39.	22	23.	20	4.	12.	22
18.	30	4.	38.	31	23.	30	4.	11.	24
18.	40	4.	37.	40	23.	40	4.	10.	26
18.	50	4.	36.	48	23.	50	4.	9.	28
19.	0	4.	35.	57	24.	0	4.	8.	30
19.	10	4.	35.	5	24.	10	4.	7.	31
19.	20	4.	34.	13	24.	20	4.	6.	32
19.	30	4.	33.	20	24.	30	4.	5.	33
19.	40	4.	32.	28	24.	40	4.	4.	34
19.	50	4.	31.	35	24.	50	4.	3.	34
20.	0	4.	30.	43	25.	0	4.	2.	34
20.	10	4.	29.	50	25.	10	4.	1.	33
20.	20	4.	28.	56	25.	20	4.	0.	32
20.	30	4.	28.	3	25.	30	3.	59.	31
20.	40	4.	27.	9	25.	40	3.	58.	30
20.	50	4.	26.	16	25.	50	3.	57.	28

TABLE des Arcs fémi-diurnes, pour la latitude de Dijon, 47° 20′ 0″, convertis en temps, à raifon d'une heüre pour 15 degrés, en fuppofant la réfraction horifontale de 33′.

Déclinaifon auftrale.		Arcs fémi-diurnes.			Déclinaifon auftrale.		Arcs fémi-diurnes.		
D.	M.	H.	M.	S.	D.	M.	H.	M.	S.
26.	0	3.	56.	26	31.	0	3.	22.	12
26.	10	3.	55.	24	31.	10	3.	20.	56
26.	20	3.	54.	21	31.	20	3.	19.	39
26.	30	3.	53.	18	31.	30	3.	18.	22
26.	40	3.	52.	14	31.	40	3.	17.	3
26.	50	3.	51.	10	31.	50	3.	15.	45
27.	0	3.	50.	6	32.	0	3.	14.	25
27.	10	3.	49.	2	32.	10	3.	13.	5
27.	20	3.	47.	57	32.	20	3.	11.	44
27.	30	3.	46.	51	32.	30	3.	10.	22
27.	40	3.	45.	45	32.	40	3.	9.	0
27.	50	3.	44.	39	32.	50	3.	7.	37
28.	0	3.	43.	33	33.	0	3.	6.	13
28.	10	3.	42.	26	33.	10	3.	4.	48
28.	20	3.	41.	18	33.	20	3.	3.	22
28.	30	3.	40.	10	33.	30	3.	1.	56
28.	40	3.	39.	2	33.	40	3.	0.	28
28.	50	3.	37.	53	33.	50	2.	59.	0
29.	0	3.	36.	44	34.	0	2.	57.	31
29.	10	3.	35.	34	34.	10	2.	56.	1
29.	20	3.	34.	24	34.	20	2.	54.	30
29.	30	3.	33.	13	34.	30	2.	52.	58
29.	40	3.	32.	2	34.	40	2.	51.	25
29.	50	3.	30.	50	34.	50	2.	49.	50
30.	0	3.	29.	38	35.	0	2.	48.	15
30.	10	3.	28.	25	35.	10	2.	46.	39
30.	20	3.	27.	12	35.	20	2.	45.	1
30.	30	3.	25.	58	35.	30	2.	43.	23
30.	40	3.	24.	43	35.	40	2.	41.	43
30.	50	3.	23.	28	35.	50	2.	40.	1

TABLE des Arcs fémi-diurnes, pour la latitude de Dijon, 47° 20′ 0″, convertis en temps, à raison d'une heure pour 15 degrés, en supposant la réfraction horisontale de 33′.

Déclinaison australe.		Arcs fémi-diurnes.			Déclinaison australe.		Arcs fémi-diurnes.		
D.	M.	H.	M.	S.	D.	M.	H.	M.	S.
36.	0	2.	38.	19	40.	0	1.	47.	33
36.	10	2.	36.	35	40.	10	1.	44.	48
36.	20	2.	34.	49	40.	20	1.	41.	59
36.	30	2.	33.	2	40.	30	1.	39.	4
36.	40	2.	31.	14	40.	40	1.	36.	4
36.	50	2.	29.	24	40.	50	1.	32.	57
37.	0	2.	27.	32	41.	0	1.	29.	42
37.	10	2.	25.	39	41.	10	1.	26.	20
37.	20	2.	23.	44	41.	20	1.	22.	49
37.	30	2.	21.	47	41.	30	1.	19.	8
37.	40	2.	19.	48	41.	40	1.	15.	15
37.	50	2.	17.	47	41.	50	1.	11.	9
38.	0	2.	15.	44	42.	0	1.	6.	47
38.	10	2.	13.	39	42.	10	1.	2.	6
38.	20	2.	11.	31	42.	20	0.	57.	0
38.	30	2.	9.	21	42.	30	0.	51.	23
38.	40	2.	7.	8	42.	40	0.	45.	3
38.	50	2.	4.	53	42.	50	0.	37.	39
39.	0	2.	2.	34	43.	0	0.	28.	20
39.	10	2.	0.	13	43.	10	0.	13.	37
39.	20	1.	57.	48	43.	12	0.	3.	56
39.	30	1.	55.	20	43.	13	0.	0.	0
39.	40	1.	52.	49	. . . . . .		. . . . . .		
39.	50	1.	50.	13	. . . . . .		. . . . . .		

E

EXPLICATION

DE LA TABLE DES ARCS SÉMI - DIURNES.

L'ANGLE horaire d'un Aſtre qui eſt à l'horiſon, eſt appellé l'Arc ſémi-diurne de cet Aſtre.

Si vous formez un triangle ſphérique dont les côtés ſoient la diſtance de l'Aſtre au pole, la diſtance de l'Aſtre au zénith & la diſtance du pole au zénith; la Trigonométrie vous donnera la valeur de l'angle cherché; & cet angle, converti en temps, à raiſon du mouvement diurne de l'Aſtre, vous fera connoître l'intervalle du lever au paſſage par le méridien, & du paſſage par le méridien au coucher.

La recherche des Arcs ſémi-diurnes apparens n'a d'autre difficulté que celle de la longueur : voici le tableau du calcul, en ſuppoſant la déclinaiſon de l'Aſtre de 36° 50′ auſtrale, & la latitude de Dijon, de 47° 20′ 0″ boréale.

Diſtance du pole au zénith (a) . . . 42° 40′ 0″.

Diſtance de l'Aſtre au pole (b) . . 126 50 0

Diſtance de l'Aſtre au zénith (c) . . 90 33 0

$a + b + c$ 260 3 0

$\frac{1}{2}(a + b + c)$ 130 1 30

$\frac{1}{2}(a + b + c) - a$ . . . 87 21 30

$\frac{1}{2}(a + b + c) - b$ 3 11 30

Comp. A. log. ſin. 42° 40′ 0″ . . . 0,1689420.

Comp. A. log. ſin. 126 50 0 . . . 0,0967023.

. . . . Log. ſin. 87 21 30 . . . 9,9995382.

. . . . . . Log. ſin. 3 11 30 . . . 8,7456703.

Demi-ſom. log. ſin. 18 40 31 . . . 9,5054264.

Demi-angle horaire . . . . 18° 40′ 31″⅕

Angle horaire 37 21 2

Angle horaire en temps . . . . 2ʰ 29′ 24″⅘

Tel est en effet l'Arc sémi-diurne qui, dans la Table, répond à 36° 50′ de déclinaison australe.

Une Table des Arcs sémi-diurnes apprend aux Astronomes si un Astre sera visible, dans la circonstance où il est intéressant de l'observer : celle-ci commence à 42° 0′ de déclinaison boréale, & ne finit qu'à 43° 13′ de déclinaison australe, elle a donc toute l'étendue dont elle est susceptible; & si l'on en compare les calculs avec ceux de la Table précédente, on aura un moyen prompt & facile de vérifier les uns & les autres.

Exemple.

A quelle heure le Soleil se lèvera-t-il à Dijon le 1ᵉʳ. Février 1786 ?

La déclinaison du Soleil, pour le 1ᵉʳ. Février 1786, à midi, temps vrai au méridien de Dijon, sera de 16° 57′ 55″ australe. Or, l'Arc sémi-diurne qui, dans la Table, répond à cette déclinaison, est de 4ʰ 46′ 16″ : le Soleil se lèvera donc à 7ʰ 13′ 44″ à peu-près. Je calcule la déclinaison du Soleil pour cette époque; & la trouvant de 17° 1′ 21″, j'en conclus que l'Arc sémi-diurne cherché sera de 4ʰ 45′ 59″, c'est-à-dire que le 1ᵉʳ. Février 1786, le Soleil se lèvera à Dijon à 7ʰ 14′ 1″.

Si l'Astre dont on cherche le lever & le coucher, en temps vrai, est une Étoile, il faudra diminuer les Arcs sémi-diurnes de cette Table, proportionnellement à l'accélération des Étoiles fixes pour ce jour-là. Si c'est une Planète, on fera la proportion : 24 heures sont à la différence de deux passages consécutifs de la Planète au méridien, comme l'Arc sémi-diurne, pris dans la Table, est à celui qui convient à la Planète dont il s'agit.

L'Auteur de la Table des Arcs sémi-diurnes, publiée dans

M. Roger

les *Sémestres* de l'Académie de Dijon, pour l'année 1782, s'est laissé distraire sur cette manière d'évaluer en temps les Arcs sémi-diurnes des Étoiles & des Planètes. Ce n'est pas ici le lieu de relever toutes les erreurs que cette distraction a fait commettre; il suffit d'en prévenir le Lecteur.

ÉQUATION

Pour le Midi conclu par des hauteurs correspondantes du Soleil,

SOUS LA LATITUDE DE DIJON.

Longitude du Soleil.		Moitié de l'intervalle entre les Observations.			
		$1^h\ 40'$	$2^h\ 0'$	$2^h\ 20'$	$2^h\ 40'$
Sig.	Deg.	Sec.	Sec.	Sec.	Sec.
O	0	16, 8	17, 1	17, 5	17, 8
Souft.	10	15, 6	15, 9	16, 3	16, 6
	20	14, 0	14, 3	14, 6	15, 0
I.	0	12, 1	12, 5	12, 8	13, 2
Souft.	10	10, 2	10, 5	10, 8	11, 2
	20	8, 1	8, 4	8, 7	9, 0
II.	0	6, 0	6, 3	6, 5	6, 8
Souft.	10	4, 0	4, 1	4, 3	4, 5
	20	2, 0	2, 1	2, 2	2, 3
III.	0	0, 0	0, 0	0, 0	0, 0
Add.	10	2, 0	2, 1	2, 1	2, 3
	20	4, 0	4, 1	4, 3	4, 5
IV.	0	6, 0	6, 2	6, 5	6, 8
Add.	10	8, 0	8, 3	8, 6	8, 9
	20	10, 1	10, 4	10, 7	11, 1
V.	0	12, 0	12, 3	12, 7	13, 1
Add.	10	13, 9	14, 2	14, 5	14, 9
	20	15, 4	15, 7	16, 1	16, 4
	30	16, 7	17, 0	17, 3	17, 6

ÉQUATION.

Pour le Midi conclu par des hauteurs correspondantes du Soleil,

SOUS LA LATITUDE DE DIJON.

Longitude du Soleil.	Moitié de l'intervalle entre les Observations.			
	$1^h\ 40'$	$2^h\ 0'$	$2^h\ 20'$	$2^h\ 40'$
Sig. Deg.	Sec.	Sec.	Sec.	Sec.
VI. 0	16, 7	17, 0	17, 3	17, 6
Add. 10	17, 5	17, 8	18, 0	18, 3
20	17, 9	18, 0	18, 2	18, 5
VII. 0	17, 5	17, 7	17, 9	18, 1
Add. 10	16, 5	16, 6	16, 8	16, 9
20	14, 8	14, 8	14, 9	15, 0
VIII. 0	12, 0	12, 1	12, 1	12, 2
Add. 10	8, 5	8, 5	8, 6	8, 6
20	4, 4	4, 4	4, 5	4, 5
IX. 0	0, 0	0, 0	0, 0	0, 0
Souſt. 10	4, 4	4, 5	4, 5	4, 5
20	8, 5	8, 6	8, 6	8, 8
X. 0	12, 0	12, 1	12, 2	12, 3
Souſt. 10	14, 8	14, 9	15, 0	15, 1
20	16, 6	16, 8	16, 9	17, 1
XI. 0	17, 7	17, 9	18, 1	18, 2
Souſt. 10	18, 5	18, 7	18, 9	19, 1
20	17, 6	17, 9	18, 2	18, 4
30	16, 8	17, 1	17, 5	17, 8

ÉQUATION

Pour le Midi conclu par des hauteurs correspondantes du Soleil,

SOUS LA LATITUDE DE DIJON.

Longitude du Soleil.		Moitié de l'intervalle entre les Observations.			
		$3^h\ 0'$	$3^h\ 20'$	$3^h\ 40'$	$4^h\ 0'$
Sig.	Deg.	Sec.	Sec.	Sec.	Sec.
O Souſt.	0	18 , 2	18 , 6	19 , 2	19 , 8
	10	17 , 0	17 , 5	18 , 1	18 , 8
	20	15 , 5	16 , 0	16 , 7	17 , 4
I. Souſt.	0	13 , 7	14 , 2	14 , 9	15 , 6
	10	11 , 6	12 , 2	12 , 8	13 , 5
	20	9 , 4	9 , 9	10 , 5	11 , 1
II. Souſt.	0	7 , 1	7 , 5	8 , 0	8 , 5
	10	4 , 8	5 , 1	5 , 4	5 , 7
	20	2 , 4	2 , 5	2 , 7	2 , 9
III. Add.	0	0 , 0	0 , 0	0 , 0	0 , 0
	10	2 , 4	2 , 5	2 , 7	2 , 9
	20	4 , 8	5 , 0	5 , 4	5 , 7
IV. Add.	0	7 , 1	7 , 5	7 , 9	8 , 4
	10	9 , 4	9 , 8	10 , 4	11 , 0
	20	11 , 6	12 , 1	12 , 7	13 , 4
V. Add.	0	13 , 6	14 , 1	14 , 7	15 , 4
	10	15 , 4	15 , 9	16 , 5	17 , 2
	20	16 , 9	17 , 4	17 , 9	18 , 6
	30	18 , 0	18 , 4	19 , 0	19 , 6

ÉQUATION

Pour le Midi conclu par des hauteurs correspondantes du Soleil,

SOUS LA LATITUDE DE DIJON.

Longitude du Soleil.		Moitié de l'intervalle entre les Observations.			
		$3^h\ 0'$	$3^h\ 20'$	$3^h\ 40'$	$4^h\ 0'$
Sig.	Deg.	Sec.	Sec.	Sec.	Sec.
VI.	0	18, 0	18, 4	19, 0	19, 6
Add.	10	18, 7	19, 1	19, 5	20, 1
	20	18, 8	19, 1	19, 5	20, 0
VII.	0	18, 3	18, 6	18, 9	19, 3
Add.	10	17, 1	17, 3	17, 5	17, 8
	20	15, 1	15, 2	15, 4	15, 6
VIII.	0	12, 3	12, 4	12, 5	12, 6
Add.	10	8, 7	8, 7	8, 7	8, 9
	20	4, 5	4, 5	4, 6	4, 6
IX.	0	0, 0	0, 0	0, 0	0, 0
Souft.	10	4, 5	4, 5	4, 6	4, 6
	20	8, 9	8, 9	8, 9	9, 0
X.	0	12, 3	12, 4	12, 5	12, 7
Souft.	10	15, 2	15, 4	15, 5	15, 7
	20	17, 2	17, 4	17, 7	17, 9
XI.	0	18, 5	18, 7	19, 1	19, 4
Souft.	10	19, 4	19, 7	20, 1	20, 5
	20	18, 8	19, 2	19, 7	20, 2
	30	18, 2	18, 6	19, 2	19, 8

EXPLICATION

De la Table de l'Équation du Midi conclu par des hauteurs correspondantes du Soleil, sous la latitude de Dijon.

LE mouvement diurne des corps célestes, d'orient en occident, étant le produit de la rotation uniforme de la Terre autour de son axe, il est nécessaire qu'à des hauteurs égales au-dessus de l'horison, répondent des distances égales au méridien : si donc le Soleil a été observé à la même hauteur le matin & le soir, en prenant le milieu entre les époques des deux Observations, on aura le moment précis du passage de cet Astre au méridien.

Mais, comme il faut toujours se défier d'une Observation isolée, on prendra, le matin & le soir, plusieurs hauteurs du même bord du Soleil; comparant ensuite chaque hauteur du matin avec celle du soir qui lui correspond, on aura un grand nombre de résultats entre lesquels on prendra un milieu, si l'on y trouve quelque différence.

De toutes les méthodes connues pour déterminer l'instant du Midi vrai, celle-ci est la plus simple & la plus naturelle : elle est même d'autant plus précieuse, qu'elle est indépendante, & de la division de l'instrument avec lequel on observe, & de la marche de la pendule à laquelle on compte.

Cette méthode cependant n'est rigoureusement exacte que pour les Étoiles, dont le changement en déclinaison est presque nul d'un jour à l'autre; car si l'Astre a un mouvement sensible en déclinaison, qui le rapproche du pole boréal, il parviendra à la même hauteur plus tard le soir que le matin, & par conséquent le milieu entre les époques des Observations correspondantes, donnera le passage au méridien plus tard qu'il n'est arrivé. Ce sera le contraire, si le mouvement en déclinaison tend à rapprocher l'Astre du pole méridional.

Quoique la variation du Soleil en déclinaison ne puisse mettre, entre le Midi vrai & le Midi conclu, une différence de plus de trente secondes, on ne peut cependant se dispenser d'y avoir égard. M. DE LALANDE a donné pour cela une formule très-simple, & qu'il a développée avec tout l'intérêt qu'il sait attacher aux théories les plus abstraites : voici cette formule, en appelant C la correction cherchée, & représentant par dx le changement du Soleil en déclinaison dans l'intervalle des Observations correspondantes,

$$C = \frac{dx}{30} \left(\frac{\text{tang. lat.}}{\text{fin. ang. hor.}} \genfrac{}{}{0pt}{}{+}{-} \frac{\text{tang. décl. } \odot}{\text{tang. ang. hor.}} \right);$$

le signe supérieur a lieu, dans notre hémisphère, lorsque la déclinaison du Soleil est australe, & le signe inférieur, lorsqu'elle est boréale. On voit bien d'ailleurs que la correction est soustractive dans les signes ascendans, & additive dans les signes descendans.

Pour familiariser le Lecteur avec les applications de cette formule, & lui faire sentir en même temps le prix d'une Table qui le dispense des calculs longs & pénibles que ces applications entraînent, soit proposé de trouver la correction du Midi conclu par des hauteurs du Soleil, prises vers 10 heures du matin & 2 heures du soir, en supposant la longitude du Soleil, à midi, de 5^s 20°, & l'obliquité apparente de l'écliptique de 23° 28′ 0″.

La déclinaison du Soleil qui répond à 5^s 20° de longitude, est 3° 57′ 54″, 5 B. Or, le mouvement diurne du Soleil en longitude étant alors de 58′ 30″, 5, il est clair que la longitude du Soleil, à 10 heures du matin, étoit de 5^s 19° 55′ 7″, 5, & qu'à 2 heures du soir elle étoit de 5^s 20° 4′ 52″, 5. A ces deux longitudes répondent les déclinaisons 4° 59′ 49″, 5, & 3° 55′ 59″, 6, dont la différence 3′ 49″, 9, exprime la variation du Soleil en déclinaison, pendant les quatre heures d'intervalle entre les Observations des hauteurs correspondantes. Cela posé :

$$\frac{\text{tang. lat.}}{\text{fin. ang. hor.}} - \frac{\text{tang. décl.}}{\text{tang. ang. hor.}} = 2,1699 - 0,1201 = 2,0498;$$

& cette quantité, multipliée par $\frac{dx}{30} = 7″,6633$, donne 15″,71, pour la correction cherchée.

Telle est en effet l'Équation qui, dans la Table, répond aux conditions de la question proposée.

Exemple Ier.

Le 24 Février 1786, le Midi, conclu par un grand nombre de hauteurs correspondantes du Soleil, prises vers 9^h 15' du matin & 2^h 45' du soir, est arrivé à 11^h 57' 18'', 5 de la pendule d'Observation. On demande le Midi vrai.

Le jour indiqué, la longitude du Soleil, à midi, étoit de 11ſ 6°. Or, la Table donne :

Longitude du Soleil.	Demi-interv. entre les Observations.	Équation du Midi conclu.
XI^ſ 0° ... {	2^h 40'	18'', 2.
	3 0	18 , 5.
XI 10 ... {	2 40	19 , 1
	3 0	19 , 4

D'où l'on tire, en prenant une triple partie proportionnelle, 18'', 8, pour l'Équation cherchée. Ainsi :

Midi conclu . . . . 11^h 57' 18'', 5.

Équation . . . .   — 18 , 8.

____

Midi vrai . . . . 11^h 56' 59'', 7.

C'est-à-dire que le 24 Février 1786, à midi, la pendule d'Observation retardoit, sur le temps vrai, de 3' 0'', 3.

Exemple IIe.

Le 25 Février 1786, le Midi conclu par des hauteurs correspondantes du Soleil, prises à 8^h 10' du matin & 3^h 50'

du foir, répondoit à 11^h 57' 12'', 4, de la pendule d'Ob-
fervation. On demande l'époque précife du Midi vrai à cette
pendule.

Le 25 Février 1786, la longitude du Soleil étoit de 11^f 7°.
Or, la Table donne :

Longitude du Soleil.	Demi-interv. entre Les Obfervations.	Équation du Midi conclu.
XI^f 0° ...	$\begin{cases} 3^h\ 40' \\ 4\quad 0 \end{cases}$	...... 19'', 1. ...... 19 , 4.
XI 10 ...	$\begin{cases} 3\quad 40 \\ 4\quad 0 \end{cases}$	...... 20 , 1. ...... 20 , 5

D'où, par une triple proportion, l'on déduit 20'', 0,
pour la correction cherchée. Ainfi :

Midi conclu .... 11^h 57' 12'', 4.

Correction ....   — 20 , 0.

Midi vrai .... 11^h 56' 52'', 4.

La pendule retardoit donc, le 25 Février 1786, à midi,
de 3' 7'', 6, fur le temps vrai : d'ailleurs le 24, à la
même époque, elle retardoit de 3' 0'', 3. La marche de
cette pendule, par rapport au temps vrai, étoit donc alors
— 7'', 3.

TABLE de la Parallaxe de la Lune, à divers degrés dē hauteur fur l'horifon.

Hauteur apparente de la Lune.	Parallaxè horifòntale de la Lune.					
	54' 0"		54' 20"		54' 40"	
Dēg.	M.	S.	M.	S.	M.	S.
0	54	0	54	20	54	40
3	53	56	54	15	54	36
6	53	42	54	2	54	22
9	53	20	53	40	54	0
12	52	49	53	9	53	28
15	52	9	52	29	52	48
18	51	21	51	40	52	0
21	50	25	50	43	51	2
24	49	20	49	38	49	56
25	48	56	49	14	49	32
26	48	32	48	50	49	7
27	48	7	48	25	48	42
28	47	41	47	58	48	16
29	47	14	47	31	47	49
30	46	46	47	3	47	21
31	46	17	46	34	46	52
32	45	47	46	4	46	22
33	45	17	45	33	45	51
34	44	46	45	2	45	19
35	44	14	44	30	44	47
36	43	41	43	57	44	14
37	43	7	43	24	43	40
38	42	33	42	49	43	5
39	41	58	42	14	42	29
40	41	22	41	38	41	53
41	40	45	41	1	41	16
42	40	7	40	23	40	38
43	39	30	39	44	39	59
44	38	51	39	5	39	19
45	38	11	38	25	38	39

TABLE de la Parallaxe de la Lune, à divers degrés de hauteur sur l'horifon.

Hauteur apparente de la Lune.	Parallaxe horifontale de la Lune.					
	54′ 0″		54′ 20″		54′ 40″	
Deg.	M.	S.	M.	S.	M.	S.
46	37	30	37	45	37	58
47	36	49	37	3	37	17
48	36	7	36	21	36	35
49	35	25	35	38	35	52
50	34	42	34	55	35	8
51	33	59	34	11	34	24
52	33	15	33	27	33	39
53	32	30	32	42	32	54
54	31	45	31	56	32	8
55	30	59	31	10	31	21
56	30	12	30	33	30	34
57	29	25	29	35	29	46
58	28	37	28	47	28	58
59	27	49	27	59	28	9
60	27	0	27	10	27	20
61	26	11	26	20	26	30
62	25	21	25	30	25	40
63	24	31	24	40	24	49
64	23	40	23	49	23	58
65	22	49	22	57	23	6
66	21	58	22	6	22	14
67	21	6	21	14	21	22
68	20	14	20	21	20	29
69	19	21	19	28	19	36
70	18	28	18	35	18	42
71	17	35	17	41	17	48
72	16	41	16	47	16	54
73	15	47	15	53	15	59
74	14	53	14	59	15	4
75	13	58	14	4	14	9

TABLE de la Parallaxe de la Lune, à divers degrés de hauteur fur l'horifon.

Hauteur apparente de la Lune.	Parallaxe horifontale de la Lune.					
	55′ 0″		55′ 20″		55′ 40″	
Deg.	M.	S.	M.	S.	M.	S.
0	55	0	55	20	55	40
3	54	55	55	15	55	35
6	54	42	55	2	55	22
9	54	19	54	39	54	59
12	53	50	54	7	54	27
15	53	8	53	27	53	46
18	52	18	52	37	52	57
21	51	21	51	39	51	58
24	50	14	50	33	50	51
25	49	51	50	9	50	27
26	49	26	49	44	50	2
27	49	0	49	18	49	36
28	48	34	48	51	49	7
29	48	6	48	23	48	41
30	47	38	47	54	48	13
31	47	9	47	25	47	43
32	46	39	46	55	47	12
33	46	3	46	24	46	41
34	45	36	45	52	46	9
35	45	3	45	19	45	36
36	44	30	44	46	45	2
37	43	55	44	12	44	27
38	43	20	43	36	43	52
39	42	45	43	0	43	16
40	42	8	42	23	42	39
41	41	31	41	46	42	1
42	40	52	41	8	41	22
43	40	13	40	29	40	43
44	39	34	39	49	40	3
45	38	53	39	8	39	22

TABLE de la Parallaxe de la Lune, à divers degrés de hauteur sur l'horifon.

Hauteur apparente de la Lune.	Parallaxe horifontale de la Lune.					
	55' 0"		55' 20"		55' 40"	
Deg.	M.	S.	M.	S.	M.	S.
46	38	12	38	26	38	40
47	37	30	37	44	37	58
48	36	48	37	1	37	15
49	36	5	36	18	36	36
50	35	21	35	34	35	47
51	34	36	34	49	35	2
52	33	51	34	4	34	16
53	33	6	33	18	33	30
54	32	20	32	31	32	43
55	31	33	31	48	31	56
56	30	45	30	56	31	8
57	29	57	30	8	30	19
58	29	9	29	19	29	30
59	28	20	28	30	28	40
60	27	30	27	40	27	50
61	26	40	26	50	26	59
62	25	49	25	59	26	8
63	24	58	25	7	25	16
64	24	7	24	15	25	24
65	23	15	23	23	23	31
66	22	22	22	31	22	38
67	21	29	21	38	21	45
68	20	36	20	44	20	51
69	19	42	19	50	19	57
70	18	49	18	55	19	2
71	17	54	18	1	18	7
72	17	0	17	6	17	12
73	16	5	16	11	16	16
74	15	10	15	15	15	21
75	14	14	14	19	14	24

TABLE de la Parallaxe de la Lune, à divers degrés de hauteur sur l'horifon.

Hauteur apparente de la Lune.	Parallaxe horifontale de la Lune.					
	56' 0"		56' 20"		56' 40"	
Deg.	M.	S.	M.	S.	M.	S.
0	56	0	56	20	56	40
3	55	55	56	15	56	35
6	55	41	56	1	56	21
9	55	19	55	38	55	58
12	54	46	55	6	55	26
15	54	6	54	25	54	44
18	53	16	53	37	53	54
21	52	17	52	37	52	54
24	51	10	51	28	51	46
25	50	45	51	3	51	22
26	50	20	50	38	50	56
27	49	54	50	12	50	29
28	49	27	49	45	50	2
29	48	59	49	17	49	34
30	48	30	48	48	49	6
31	48	0	48	17	48	35
32	47	29	47	47	48	3
33	46	58	47	15	47	31
34	46	26	46	42	46	59
35	45	52	46	8	46	25
36	45	18	45	34	45	51
37	44	43	44	59	45	15
38	44	8	44	23	44	39
39	43	31	43	46	44	2
40	42	54	43	9	43	24
41	42	16	42	31	42	46
42	41	37	41	52	42	7
43	40	57	41	12	41	27
44	40	17	40	31	40	46
45	39	36	39	50	40	4

TABLE de la Parallaxe de la Lune, à divers degrés de hauteur sur l'horifon.

Hauteur apparente de la Lune.	Parallaxe horifontale de la Lune.					
	56′ 0″		56′ 20″		56′ 40″	
Deg.	M.	S.	M.	S.	M.	S.
46	38	54	39	8	39	22
47	38	11	38	25	38	39
48	37	28	37	41	37	53
49	36	44	36	57	37	10
50	35	59	36	12	36	25
51	35	14	35	27	35	39
52	34	29	34	41	34	53
53	33	42	33	54	34	6
54	32	55	33	7	33	18
55	32	7	32	19	32	30
56	31	19	31	30	31	41
57	30	30	30	41	30	52
58	29	41	29	51	30	2
59	28	51	29	1	29	11
60	28	0	28	10	28	20
61	27	9	27	19	27	28
62	26	17	26	27	26	36
63	25	25	25	35	25	43
64	24	33	24	42	24	50
65	23	40	23	49	23	56
66	22	47	22	55	23	3
67	21	53	22	1	22	8
68	20	59	21	6	21	14
69	20	4	20	11	20	19
70	19	9	19	16	19	23
71	18	14	18	20	18	27
72	17	18	17	24	17	31
73	16	22	16	28	16	34
74	15	26	15	32	15	37
75	14	30	14	35	14	40

TABLE de la Parallaxe de la Lune, à divers degrés de hauteur fur l'horifon.

Hauteur apparente de la Lune.	Parallaxe horifontale de la Lune.					
	57′ 0″		57′ 20″		57′ 40″	
Deg.	M.	S.	M.	S.	M.	S.
0	57	0	57	20	57	40
3	56	55	57	15	57	35
6	56	41	57	1	57	22
9	56	18	56	38	56	57
12	55	45	56	5	56	24
15	55	3	55	23	55	42
18	54	13	54	32	54	51
21	53	13	53	31	53	50
24	52	4	52	23	52	41
25	51	39	51	58	52	26
26	51	13	51	32	51	50
27	50	47	51	5	51	23
28	50	20	50	37	50	55
29	49	51	50	8	50	26
30	49	22	49	39	49	57
31	48	52	49	9	49	26
32	48	21	48	38	48	54
33	47	48	48	5	48	31
34	47	15	47	32	48	48
35	46	41	46	58	47	14
36	46	6	46	23	46	39
37	45	31	45	47	46	3
38	44	55	45	10	45	27
39	44	18	44	33	44	49
40	43	40	43	55	44	10
41	43	1	43	16	43	31
42	42	21	42	36	42	51
43	41	41	41	55	42	11
44	41	0	41	14	41	29
45	40	18	40	32	40	46

TABLE de la Parallaxe de la Lune, à divers degrés de hauteur fur l'horifon.

Hauteur apparente de la Lune.	Parallaxe horifontale de la Lune.					
	57' 0"		57' 20"		57' 40"	
Dèg.	M.	S.	M.	S.	M.	S.
46	39	35	39	49	40	3
47	38	52	39	6	39	20
48	38	8	38	22	38	35
49	37	23	37	37	37	50
50	36	38	36	51	37	4
51	35	52	36	5	36	17
52	35	5	35	18	35	30
53	34	18	34	30	34	42
54	33	30	33	42	33	54
55	32	41	32	53	33	5
56	31	52	32	4	32	15
57	31	2	31	14	31	25
58	30	12	30	23	30	34
59	29	21	29	32	29	42
60	28	30	28	40	28	50
61	27	38	27	48	27	57
62	26	46	26	55	27	4
63	25	53	26	2	26	11
64	24	59	25	8	25	17
65	24	5	24	14	24	22
66	23	11	23	19	23	27
67	22	16	22	24	22	32
68	21	21	21	29	21	36
69	20	26	20	33	20	40
70	19	30	19	37	19	43
71	18	33	18	40	18	46
72	17	37	17	43	17	49
73	16	40	16	46	16	52
74	15	43	15	48	15	54
75	14	45	14	50	14	55

TABLE de la Parallaxe de la Lune, à divers degrés de hauteur sur l'horifon.

Hauteur apparente de la Lune.	Parallaxe horifontale de la Lune.					
	58′ 0″		58′ 20″		58′ 40″	
Deg.	M.	S.	M.	S.	M.	S.
0	58	0	58	20	58	40
3	57	55	58	15	58	35
6	57	41	58	1	58	21
9	57	17	57	37	57	57
12	56	44	57	4	57	23
15	56	2	56	21	56	40
18	55	10	55	29	55	48
21	54	9	54	27	54	46
24	52	59	53	17	53	36
25	52	34	52	52	53	10
26	52	8	52	26	52	43
27	51	41	51	59	52	16
28	51	13	51	30	51	48
29	50	44	51	1	51	19
30	50	14	50	31	50	48
31	49	43	50	0	50	17
32	49	11	49	28	49	45
33	48	38	48	55	49	11
34	48	5	48	21	48	37
35	47	31	47	47	48	3
36	46	55	47	12	47	28
37	46	19	46	35	46	51
38	45	42	45	58	46	14
39	45	4	45	20	45	36
40	44	25	44	41	44	56
41	43	46	44	1	44	16
42	43	6	43	21	43	35
43	42	25	42	40	42	54
44	41	43	41	58	42	12
45	41	0	41	15	41	29

TABLE de la Parallaxe de la Lune, à divers degrés de hauteur sur l'horifon.

Hauteur apparente de la Lune.	Parallaxe horifontale de la Lune.					
	58' 0"		58' 20"		58' 40"	
Deg.	M.	S.	M.	S.	M.	S.
46	40	17	40	31	40	45
47	39	33	39	47	40	0
48	38	48	39	2	39	15
49	38	3	38	16	38	29
50	37	17	37	30	37	42
51	36	30	36	43	36	55
52	35	42	35	55	36	7
53	34	54	35	6	35	18
54	34	5	34	17	34	29
55	33	16	33	27	33	39
56	32	26	32	37	32	48
57	31	35	31	46	31	57
58	30	44	30	55	31	5
59	29	52	30	3	30	13
60	29	0	29	10	29	20
61	28	7	28	17	28	27
62	27	14	27	23	27	33
63	26	20	26	29	26	38
64	25	26	25	34	25	43
65	24	31	24	39	24	48
66	23	35	23	44	23	52
67	22	39	22	48	22	55
68	21	43	21	51	21	58
69	20	47	20	54	21	0
70	19	50	19	57	20	2
71	18	53	18	59	19	6
72	17	55	18	1	18	8
73	16	58	17	3	17	8
74	15	59	16	5	16	10
75	15	1	15	6	15	11

TABLE de la Parallaxe de la Lune, à divers degrés de hauteur sur l'horifon.

Hauteur apparente de la Lune.	Parallaxe horifontale de la Lune.					
	59' 0"		59' 20"		59' 40"	
Deg.	M.	S.	M.	S.	M.	S.
0	59	0	59	20	59	40
3	58	55	59	15	59	35
6	58	41	59	1	59	20
9	58	16	58	36	58	56
12	57	42	58	2	58	22
15	56	59	57	19	57	38
18	56	7	56	26	56	47
21	55	5	55	24	55	42
24	53	54	54	12	54	30
25	53	28	53	46	54	4
26	53	1	53	20	53	37
27	52	34	52	53	53	9
28	52	6	52	24	52	41
29	51	36	51	54	52	11
30	51	5	51	23	51	40
31	50	34	50	51	51	8
32	50	2	50	18	50	36
33	49	29	49	45	50	3
34	48	55	49	11	49	28
35	48	20	48	36	48	53
36	47	44	48	0	48	16
37	47	7	47	23	47	39
38	46	29	46	45	47	1
39	45	51	46	6	46	22
40	45	12	45	27	45	42
41	44	32	44	47	45	1
42	43	51	44	6	44	20
43	43	9	43	24	43	38
44	42	26	42	41	42	55
45	41	43	41	57	42	11

TABLE de la Parallaxe de la Lune, à divers degrés de hauteur sur l'horifon.

Hauteur apparente de la Lune.	Parallaxe horifontale de la Lune.					
	59′ 0″		59′ 20″		59′ 40″	
Deg.	M.	S.	M.	S.	M.	S.
46	40	59	41	13	41	26
47	40	14	40	28	40	41
48	39	28	39	42	39	55
49	38	42	38	55	39	8
50	37	55	38	8	38	21
51	37	8	37	20	37	33
52	36	20	36	31	36	44
53	35	31	35	42	35	54
54	34	41	34	52	35	4
55	33	50	34	2	34	13
56	32	59	33	11	33	22
57	32	8	32	19	32	30
58	31	16	31	27	31	37
59	30	23	30	34	30	44
60	29	30	29	40	29	50
61	28	36	28	46	28	56
62	27	42	27	51	28	1
63	26	47	26	56	27	5
64	25	52	26	0	26	9
65	24	56	25	4	25	13
66	24	0	24	8	24	16
67	23	3	23	11	23	18
68	22	6	22	14	22	20
69	21	9	21	16	21	22
70	20	11	20	18	20	24
71	19	12	19	19	19	25
72	18	14	18	20	18	26
73	17	15	17	20	17	26
74	16	16	16	21	16	27
75	15	16	15	21	15	27

Table de la Parallaxe de la Lune, à divers degrés de hauteur sur l'horison.

Hauteur apparente de la Lune.	Parallaxe horisontale de la Lune.					
	60' 0"		60' 20"		60' 40"	
Deg.	M.	S.	M.	S.	M.	S.
0	60	0	60	20	60	40
3	59	55	60	15	60	35
6	59	40	60	0	60	20
9	59	16	59	35	59	55
12	58	41	59	1	59	20
15	57	57	58	17	58	36
18	57	4	57	23	57	42
21	56	2	56	20	56	38
24	54	49	55	7	55	25
25	54	23	54	41	54	59
26	53	56	54	14	54	32
27	53	28	53	45	54	3
28	52	59	53	16	53	33
29	52	29	52	46	53	3
30	51	58	52	15	52	32
31	51	26	51	43	52	0
32	50	53	51	10	51	27
33	50	19	50	36	50	53
34	49	14	50	1	50	18
35	49	8	49	25	49	42
36	48	32	48	48	49	5
37	47	55	48	10	48	27
38	47	17	47	32	47	48
39	46	38	46	53	47	8
40	45	58	46	13	46	28
41	45	17	45	32	45	47
42	44	35	44	50	45	5
43	43	52	44	7	44	22
44	43	9	43	24	43	38
45	42	25	42	40	42	53

TABLE de la Parallaxe de la Lune, à divers degrés de hauteur sur l'horison.

Hauteur apparente de la Lune.	Parallaxe horifontale de la Lune.					
	60' 0"		60' 20"		60' 40"	
Deg.	M.	S.	M.	S.	M.	S.
46	41	40	41	55	42	8
47	40	55	41	9	41	22
48	40	9	40	22	40	35
49	39	22	39	35	39	48
50	38	34	38	47	39	0
51	37	45	37	58	38	10
52	36	56	37	9	37	20
53	36	6	36	19	36	30
54	35	16	35	28	35	39
55	34	28	34	36	34	48
56	33	33	33	44	33	55
57	32	41	32	52	33	3
58	31	48	31	58	32	9
59	30	54	31	4	31	15
60	30	0	30	10	30	20
61	29	5	29	15	29	25
62	28	10	28	19	28	29
63	27	14	27	23	27	32
64	26	18	26	27	26	35
65	25	21	25	30	25	38
66	24	24	24	32	24	40
67	23	27	23	34	23	42
68	22	29	22	36	22	44
69	21	30	21	37	21	45
70	20	31	20	38	20	45
71	19	32	19	39	19	45
72	18	32	18	39	18	45
73	17	32	17	38	17	44
74	16	32	16	38	16	43
75	15	32	15	37	15	42

EXPLICATION

DE LA TABLE PRÉCÉDENTE.

C'EST autour de l'axe de la Terre que les corps céleſtes paroiſſent faire leurs révolutions; c'eſt donc du centre de cette Planète qu'il faudroit les obſerver pour en ſaiſir la marche & en meſurer les écarts. Un Aſtre, vu de la ſurface de la Terre, ne répond jamais au point du Ciel auquel on le rapporteroit, ſi on le voyoit du centre : les Obſervations les plus exactes ſeroient donc illuſoires, ſi l'on n'avoit égard à cette diverſité d'aſpect, que les Aſtronomes ont nommée Parallaxe, parce qu'elle abaiſſe tous les Aſtres d'une certaine quantité dans leur vertical.

La Parallaxe eſt la plus grande poſſible à l'horiſon, & elle eſt nulle au zénith. Entre ces extrêmes de hauteur, elle éprouve des variations ſans nombre, mais qui ſont toutes repréſentées par l'équation ſin. Parall. haut. $=$ ſin. Parall. horiſ. coſ. haut. app.

C'eſt d'après cette formule que M. CHAMPIA DE FONBRU a conſtruit la Table précédente. Nous en avons refait tous les calculs, & nous avons augmenté chaque colonne des Parallaxes pour tous les degrés de hauteur, depuis 70 juſqu'à 75.

Exemple.

La hauteur apparente de la Lune étant ſuppoſée de 69° 50', & la Parallaxe horiſontale de 59' 48'', on demande la Parallaxe de hauteur.

La Table offre la correſpondance ſuivante :

Haut app.	*Parall. horiſ.*	*Parall. haut.*
69°	59' 40''	21' 22''.
	60 0	21 30.
70	59 40	20 24
	60 0	20 31

D'où l'on tire 20′ 37″ pour la Parallaxe cherchée. Alors :

Hauteur apparente : : : : : : : : : 69° 50′ 0″.

Parallaxe : : : : : : : : : : : : : ┼ 20 37

Hauteur vue du centre : : : : : 70° 10′ 37″

PARALLAXE du Soleil à divers degrés de hauteur, & en différens temps de l'année, en supposant la moyenne de 8″,6.

Hauteur.	1 Janv.	1 Févr. Déc.	1 Mars. Nov.	1 Avr. Octob.	1 Mai. Sept.	1 Juin. Août.	1 Juil.
	Sec.	Sec.	Sec.	Sec.	Sec.	Sec.	Sec.
0	8,75	8,72	8,67	8,60	8,53	8,48	8,46
1	8,75	8,72	8,67	8,60	8,53	8,48	8,46
2	8,74	8,71	8,67	8,59	8,52	8,47	8,45
3	8,74	8,71	8,66	8,59	8,52	8,47	8,45
4	8,73	8,70	8,65	8,58	8,51	8,46	8,44
5	8,72	8,69	8,64	8,57	8,50	8,45	8,43
6	8,70	8,67	8,62	8,55	8,48	8,43	8,41
7	8,68	8,65	8,60	8,54	8,47	8,42	8,40
8	8,66	8,63	8,58	8,52	8,45	8,40	8,38
9	8,64	8,59	8,56	8,49	8,42	8,37	8,36
10	8,62	8,58	8,54	8,47	8,40	8,35	8,33
11	8,59	8,56	8,51	8,44	8,37	8,32	8,30
12	8,56	8,53	8,48	8,41	8,34	8,29	8,27
13	8,52	8,50	8,45	8,38	8,31	8,26	8,24
14	8,49	8,46	8,41	8,34	8,28	8,23	8,21
15	8,45	8,42	8,37	8,31	8,24	8,19	8,17
16	8,41	8,36	8,33	8,27	8,20	8,15	8,13
17	8,37	8,34	8,29	8,22	8,16	8,11	8,09
18	8,32	8,29	8,25	8,18	8,11	8,06	8,05
19	8,27	8,24	8,20	8,13	8,06	8,02	8,00
20	8,22	8,19	8,15	8,08	8,01	7,97	7,95
21	8,17	8,14	8,09	8,03	7,96	7,92	7,90
22	8,11	8,08	8,04	7,97	7,91	7,86	7,84
23	8, 5	8,03	7,99	7,92	7,85	7,81	7,79
24	7,99	7,97	7,92	7,86	7,79	7,75	7,73
25	7,93	7,90	7,86	7,79	7,73	7,68	7,67
26	7,86	7,84	7,79	7,73	7,67	7,62	7,60
27	7,89	7,77	7,72	7,66	7,60	7,55	7,54
28	7,73	7,70	7,65	7,59	7,53	7,49	7,47
29	7,65	7,63	7,58	7,52	7,46	7,42	7,40
30	7,58	7,55	7,51	7,45	7,39	7,34	7,33

PARALLAXE du Soleil à divers degrés de hauteur, & en différens temps de l'année, en suppofant la moyenne de 8″,6.

Hauteur.	1 Janv.	1 Févr. Déc.	1 Mars. Nov.	1 Avr. Octob.	1 Mai. Sept.	1 Juin. Août.	1 Juil.
	Sec.	Sec.	Sec.	Sec.	Sec.	Sec.	Sec.
30	7,58	7,55	7,51	7,45	7,39	7,34	7,33
31	7,50	7,47	7,43	7,37	7,31	7,27	7,25
32	7,42	7,39	7,35	7,29	7,23	7,19	7,17
33	7,34	7,31	7,27	7,21	7,15	7,11	7,09
34	7,25	7,23	7,19	7,13	7,07	7,03	7,01
35	7,17	7,14	7,10	7,04	6,99	6,95	6,93
36	7,08	7,05	7,01	6,96	6,90	6,86	6,84
37	6,99	6,96	6,92	6,87	6,81	6,77	6,76
38	6,89	6,87	6,83	6,78	6,72	6,68	6,67
39	6,80	6,78	6,74	6,68	6,63	6,59	6,57
40	6,70	6,68	6,64	6,59	6,53	6,50	6,48
41	6,60	6,58	6,54	6,49	6,44	6,40	6,38
42	6,50	6,48	6,44	6,39	6,34	6,30	6,29
43	6,40	6,38	6,34	6,29	6,24	6,20	6,19
44	6,29	6,27	6,24	6,19	6,14	6,10	6,08
45	6,19	6,17	6,13	6,08	6,03	6,00	5,98
46	6,08	6,06	6,02	5,97	5,93	5,89	5,88
47	5,97	5,95	5,91	5,86	5,82	5,78	5,77
48	5,85	5,83	5,80	5,75	5,71	5,67	5,66
49	5,74	5,72	5,69	5,64	5,60	5,56	5,55
50	5,62	5,60	5,57	5,53	5,48	5,45	5,44
51	5,51	5,49	5,46	5,41	5,37	5,34	5,32
52	5,39	5,37	5,34	5,29	5,25	5,22	5,21
53	5,26	5,25	5,22	5,17	5,13	5,10	5,09
54	5,14	5,13	5,10	5,05	5,01	4,98	4,97
55	5,02	5,00	4,97	4,93	4,89	4,86	4,85
56	4,89	4,88	4,85	4,81	4,77	4,74	4,73
57	4,76	4,75	4,72	4,68	4,64	4,62	4,61
58	4,64	4,62	4,59	4,56	4,52	4,49	4,48
59	4,53	4,49	4,46	4,43	4,39	4,37	4,36
60	4,37	4,36	4,33	4,30	4,26	4,24	4,23

PARALLAXE du Soleil à divers degrés de hauteur, & en différens temps de l'année, en fuppofant la moyenne de 8″,6.

Hauteur.	1 Janv.	1 Févr. Déc.	1 Mars. Nov.	1 Avr. Octob.	1 Mai. Sept.	1 Juin. Août.	1 Juil.
	Sec.	Sec.	Sec.	Sec.	Sec.	Sec.	Sec.
60	4,37	4,36	4,33	4,30	4,26	4,24	4,23
61	4,24	4,23	4,20	4,17	4,13	4,11	4,10
62	4,11	4,09	4,07	4,04	4,00	3,98	3,97
63	3,97	3,96	3,94	3,90	3,87	3,85	3,84
64	3,83	3,82	3,80	3,77	3,74	3,72	3,71
65	3,70	3,68	3,66	3,63	3,60	3,58	3,57
66	3,56	3,55	3,53	3,50	3,47	3,45	3,44
67	3,42	3,41	3,39	3,36	3,33	3,31	3,30
68	3,29	3,27	3,25	3,22	3,20	3,18	3,17
69	3,13	3,12	3,11	3,08	3,06	3,04	3,03
70	2,99	2,98	2,96	2,94	2,92	2,91	2,89
71	2,85	2,84	2,82	2,80	2,78	2,76	2,75
72	2,70	2,69	2,68	2,66	2,64	2,62	2,61
73	2,56	2,55	2,53	2,51	2,49	2,48	2,47
74	2,41	2,40	2,39	2,37	2,35	2,34	2,33
75	2,26	2,26	2,24	2,23	2,21	2,19	2,19
76	2,12	2,11	2,10	2,08	2,06	2,05	2,05
77	1,97	1,96	1,95	1,93	1,91	1,91	1,90
78	1,82	1,81	1,80	1,79	1,77	1,76	1,76
79	1,67	1,66	1,65	1,64	1,63	1,62	1,61
80	1,52	1,51	1,50	1,49	1,48	1,47	1,47
81	1,37	1,36	1,36	1,35	1,33	1,33	1,32
82	1,22	1,21	1,21	1,20	1,19	1,18	1,18
83	1,07	1,06	1,06	1,05	1,04	1,03	1,03
84	0,91	0,91	0,91	0,90	0,89	0,89	0,88
85	0,76	0,76	0,75	0,75	0,74	0,74	0,74
86	0,61	0,61	0,60	0,60	0,59	0,59	0,59
87	0,46	0,46	0,45	0,45	0,45	0,44	0,44
88	0,30	0,30	0,30	0,30	0,30	0,30	0,29
89	0,15	0,15	0,15	0,15	0,15	0,15	0,15
90	0,00	0,00	0,00	0,00	0,00	0,00	0,00

EXPLICATION

De la Table de la Parallaxe du Soleil à divers degrés de hauteur sur l'horison.

M. DE LALANDE ayant enfin fixé la Parallaxe moyenne du Soleil à 8″6, nous avons calculé de nouveau la Table précédente, en lui donnant toute l'étendue dont elle étoit susceptible.

Exemple.

Le 10 Mai, la hauteur méridienne du Soleil a été observée de 60° 20′ 14″,7 : on demande quelle étoit la Parallaxe de hauteur.

Comme la Parallaxe horisontale du Soleil varie d'une très-petite quantité dans l'intervalle d'une année, on peut la supposer constante d'un mois à l'autre. Cela posé :

Hauteur app. ☉	*Parall. haut.*
60°	4″,26.
61	4 ,13.

D'où l'on déduit 4″,2 pour la Parallaxe cherchée. Alors :

Haut. app. ☉	60° 20′ 14″,7.
Parall. haut.	+ 4 ,2.
Hauteur vue du centre	60° 20′ 18″,9.

TABLE des Réfractions, suivant les Observations de M. BRADLEY.

Hauteur apparente.		Réfraction.		Hauteur apparente.		Réfraction.	
D.	M.	M.	S.	D.	M.	M.	S.
0	0	33	0,0	4	0	11	51,1
0	5	32	10,4	4	10	11	28,9
0	10	31	22,2	4	20	11	7,9
0	15	30	35,4	4	30	10	48,0
0	20	29	49,7	4	40	10	29,2
0	30	28	22,3	4	50	10	11,3
0	32	28	4,8	5	0	9	54,3
0	36	27	30,3	5	10	9	38,2
0	40	26	59,7	5	20	9	22,8
0	50	25	41,8	5	30	9	8,0
1	0	24	28,6	5	40	8	54,0
1	10	23	19,8	5	50	8	40,6
1	20	22	15,2	6	0	8	27,8
1	30	21	14,7	6	10	8	14,9
1	40	20	17,9	6	20	8	2,8
1	50	19	24,8	6	30	7	51,1
2	0	18	35,0	6	40	7	40,3
2	10	17	48,4	6	50	7	30,2
2	20	17	4,5	7	0	7	20,5
2	30	16	23,8	7	10	7	11,1
2	40	15	45,4	7	20	7	2,1
2	50	15	9,4	7	30	6	53,4
3	0	14	35,6	7	40	6	45,1
3	10	14	3,9	7	50	6	37,1
3	20	13	34,1	8	0	6	29,4
3	30	13	6,2	8	10	6	22,0
3	40	12	39,6	8	20	6	14,8
3	50	12	14,6	8	30	6	8,0

TABLE des Réfractions, suivant les Observations de M. BRADLEY.

Hauteur apparente.		Réfraction.		Hauteur apparente.		Réfraction.	
D.	M.	M.	S.	D.	M.	M.	S.
8	30	6	8,0	16	0	3	16,9
8	40	6	1,3	16	30	3	10,5
8	50	5	54,8	17	0	3	4,5
9	0	5	48,5	17	30	2	58,9
9	10	5	42,4	18	0	2	53,6
9	20	5	36,5	18	30	2	48,6
9	30	5	30,9	19	0	2	43,9
9	40	5	25,4	19	30	2	39,4
9	50	5	20,0	20	0	2	35,1
10	0	5	14,8	20	30	2	31,0
10	15	5	7,3	21	0	2	27,2
10	30	5	0,1	21	30	2	23,6
10	45	4	53,2	22	0	2	20,3
11	0	4	46,6	23	0	2	13,7
11	15	4	40,3	24	0	2	7,4
11	30	4	34,3	25	0	2	1,6
11	45	4	28,6	26	0	1	56,2
12	0	4	23,2	27	0	1	51,2
12	20	4	16,1	28	0	1	46,6
12	40	4	9,4	29	0	1	42,4
13	0	4	3,0	30	0	1	38,4
13	20	3	56,9	31	0	1	34,6
13	40	3	51,1	32	0	1	31,0
14	0	3	45,5	33	0	1	27,6
14	20	3	40,1	34	0	1	24,4
14	40	3	34,9	35	0	1	21,4
15	0	3	29,9	36	0	1	18,5
15	30	3	23,7	37	0	1	15,7

TABLE des Réfractions, suivant les Observations de M. BRADLEY.

Hauteur apparente.		Réfraction.		Hauteur apparente.		Réfraction.	
D.	M.	M.	S.	D.	M.	M.	S.
37	0	1	15,7	65	0	0	26,5
38	0	1	13,0	66	0	0	25,3
39	0	1	10,4	67	0	0	24,1
40	0	1	7,9	68	0	0	22,9
41	0	1	5,5	69	0	0	21,7
42	0	1	3,3	70	0	0	20,6
43	0	1	1,1	71	0	0	19,5
44	0	0	59,0	72	0	0	18,4
45	0	0	57,0	73	0	0	17,3
46	0	0	55,0	74	0	0	16,2
47	0	0	53,1	75	0	0	15,1
48	0	0	51,2	76	0	0	14,0
49	0	0	49,4	77	0	0	13,0
50	0	0	47,6	78	0	0	12,0
51	0	0	45,9	79	0	0	11,0
52	0	0	44,2	80	0	0	10,0
53	0	0	42,6	81	0	0	9,0
54	0	0	41,1	82	0	0	8,0
55	0	0	39,6	83	0	0	7,0
56	0	0	38,2	84	0	0	6,0
57	0	0	36,8	85	0	0	5,0
58	0	0	35,5	86	0	0	4,0
59	0	0	34,2	87	0	0	3,0
60	0	0	33,0	88	0	0	2,0
61	0	0	31,7	89	0	0	1,0
62	0	0	30,4	90	0	0	0,0
63	0	0	29,1				
64	0	0	27,8				

EXPLICATION

De la Table des Réfractions Astronomiques.

ON appelle Réfraction la quantité dont un rayon de lumière se courbe, en traversant obliquement notre athmosphère.

La réfraction augmente la hauteur des Astres, sans rien changer, ni à leurs amplitudes, ni à leurs azimuths ; &, comme la parallaxe, elle va en diminuant depuis l'horison jusqu'au zenith, où elle disparoît.

La Table précédente représente l'effet de la Réfraction à toutes les hauteurs ; nous l'avons extraite de la *Connoissance des Temps pour 1788*, pages 154—155.

Exemple.

La hauteur apparente du bord inférieur de la Lune a été trouvée de 55° 50′ 45″,0, & les Tables donnent, pour la parallaxe horifontale de cet Astre, 59′ 43″. On demande la hauteur vraie du bord observé.

Hauteur apparente . . . . 55° 50′ 45″,0.

Parallaxe de hauteur . . . . + 33 31 ,5.

Réfraction . . . . — 38 ,4.

Haut. vraie du bord infér. ☾ . . 56° 23′ 38″,1.

www.ingramcontent.com/pod-product-compliance
Ingram Content Group UK Ltd.
Pitfield, Milton Keynes, MK11 3LW, UK
UKHW020042100726
13658UKWH00003B/1486